JN163387

新版 なぞとき恐竜大行進 15

たかしよいち 文
中山けーしょー 絵

フタバスズキリュウ

日本の海にいた首長竜

理論社

もくじ

ものがたり……3ページ
サメをやっつけろ！
なぞとき……49ページ
フタバスズキリュウの発見（はっけん）

←この角をパラパラめくると
ページのシルエットが動くよ。

ものがたり

サメをやっつけろ！

ちびがいない！

「クォーッ！（ほら、見えたぞ、もうじきだ！）」
先頭をおよいでいたボスが、うしろをふりかえり、
みんなをはげますように、さけんだ。
ゆくてに、ぽっかりと島かげが見える。
「クワーッ！（たすかったわ。さあ、あとひと息よ）」
いちばんうしろを行くめすが、自分のかぞくと、
なかまたちをはげました。

ほかのなかまたちも、その声に
はげまされ、さいごの力をふりしぼって、
ボスのあとをおよいでいった。
この一四ひきは、「フタバスズキリュウ」と
よばれる、くびながりゅうのなかまたちだ。
くびながりゅうは、からだつきはウミガメに
にているが、長い首をもった海のきょうりゅうだ。
しばらくして、わかいフタバスズキリュウのあにきが、
あたりをキョロキョロ見まわして、さけんだ。
「クェッ！（あれ、ちびがいないよ！）」

ボスもめすも、びっくりして、およぎをやめた。

「クワーッ！（ほんとにいないわ、ちびちゃーん！）」

めすはおろおろしながら、ちびの名を大声でよんだ。

海上に首を出しているのは一三、たしかに一ぴきいない。その一ぴきは、なかまから「ちび」とよばれている子どもだ。

ちびのかあちゃんは、ちびを生んだあと、サメにおそわれて死んだ。でも、ボスやめすたち、なかまたちみんなでちびを守り、そして力づけ、ちびはとても元気にそだっていった。

そのちびが、いないのだ。

「クォー（いいか、みんな、おれが
さがしてくる。そのあいだみんなは、
あの島をめざして進むんだ！）」

ボスはみんなにそういうと、広い海を、もと来たほうへと、ひきかえしていった。

「クォーッ、クォー、クォー（ちびやーい、ちびやーい）」

とさけびながら……。

そのころちびは、青くひろがる海を、ふらふらしながら、ひっしにおよいでいた。

もう目の前は、ぼんやりとして、なにがなんだか、さっぱりわからない。いまにも、からだがしずみそうだ。

しずんでしまったら、おしまいだ。そう思いながら
ちびは、前後四つのひれをけんめいにうごかしていた。
と、どこからか、自分の名をよぶ声が、かすかに
聞こえてきた。
けんめいにおよぎ、つかれきったちびの耳は、
その声を聞きつけ、いっしゅんハッ！ とした。
「クォーッ！（ちびやーい！）」
ボスだ、ボスの声だ！ ちびは、自分の名を
よんでいるボスの声を聞きつけた。
そして声のするほうへ、ひっしにおよいでいった。

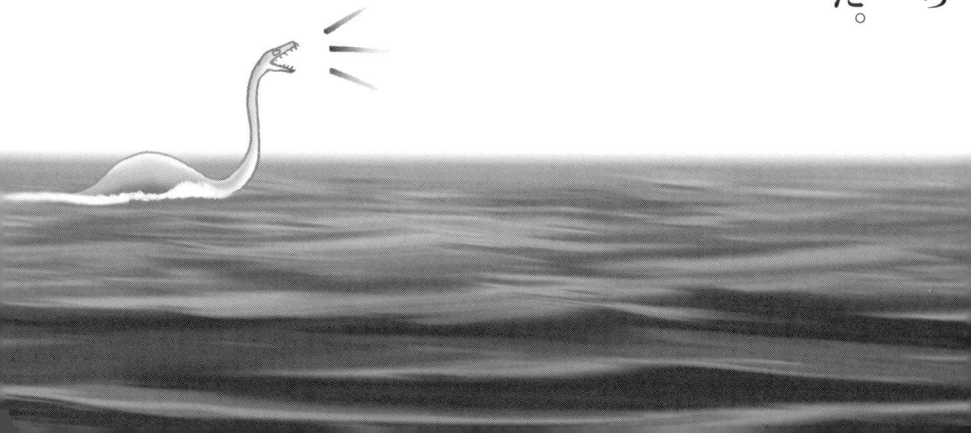

「クゥーッ！（ボスーっ！）」

ちびは首をのばし、力いっぱいさけんだ。

ボスはちびの声を聞きつけた。そして、波の上にひょいとつき出た、ちびの頭を見つけた。

「クォーッ！（ちびーっ！）」

ボスは、まっすぐにちびのほうにおよいできた。

「クワ、クワ、クワ、クワ（よかった、よかった、さあ、おれの背中に、しっかりつかまりな）」

つかれて、いまにも気をうしないそうになったちびを、ボスは大きな自分の背中に乗せた。

「クォーッ！（さあ、もうだいじょうぶだぞ。あとひと息のがんばりだ。ほら、ちゃんと向こうに島が見える）」

ちびはボスの背中に乗ったまま、ぐーんと首をのばして、ゆくてを見た。ゆくてには、たしかにボスがいうように、黒ぐろとした島かげが見えた。

ちびを背中に乗せたボスは、その島へ向けて、力いっぱいおよいでいった。

あたたかい南の海

ごつごつとした岩と、緑の木が
しげりあう島の砂浜に、一二ひきの
なかまたちは上陸して、からだを休めていた。
その島をめざして、向こうの海から、ちびを
背中に乗せたボスが、ぐんぐんおよいでくる。
一二ひきのフタバスズキリュウのなかまたちは、
大よろこびだ。みんな、大声をはりあげて、海の
向こうからやって来る、ボスとちびをむかえた。
「グワーッ！（やれやれ、これで、ひと息ついたぞ。
みんなよくやった、よくがんばってくれた！）」

ちびをつれて、浜にあがったボスは、集まってきたなかまたちのほうへ、長い首をまわしながらいった。

ボスの背中からおりたちびは、みなの前ですまなさそうに、顔を下に向けて「クォー（ごめんなさい）」と、小さな声でいった。

「クォ、クォ、クォ（あやまることなんかないわ。ちびくん、よくがんばった。あんなに遠い海から、いっしょうけんめいおよいできたんだもの……）」

めすは、ちびのほうへ、ぐーんと首をのばし、その頭をやさしくなめてくれた。

「クォ、クォ、クォー（そうだとも、おいらたち、よくがんばったと思うよ。だって、こんなに遠くへおよいできたの、はじめてだもの……）」

わかもののあにきは、めすのことばにあわせるように、そういった。

「クォーン！（もう、これからは、つめたい海ともおさらばさ。ここなら、海があたたかい。これから、この島のまわりの海で、くらすことにしよう）」

ボスは、ようやく大きな息をつき、

あんしんした顔つきで、みんなを見まわした。

「クワクワククワ（よかった、よかった。これも、みんな、ボスのおかげだ。ボスが、一大決心をして、おいらたちを旅につれださなかったら、おいらたち、あのつめたい海で、みんな死んじまったかもしれないぞ）」

なかまの一ぴきが、ボスのほうを見つめながらしみじみといった。

たしかにそうかもしれない。ボスにひきいられた、このフタバスズキリュウのなかまたちは、遠いとおい祖先たちのころから、ずっと北の海でくらしてきた。

ところがあるとき、空から大きないん石が、地球に向けて落ちてきた。はげしい音をたてて、いん石はくだけ、上空にまいあがったちりは、地球をあつくおおい、太陽からのあたたかい熱と光を、うばっていった。

それいらい、あたたかだった海の水も、しだいにつめたくなっていった。

北の海にすむ魚たちは、つぎつぎに死んでいき、のこった魚たちも、あたたかい海をめざした。

くびながりゅうや魚竜など、海のきょうりゅうたちも、つめたくなった

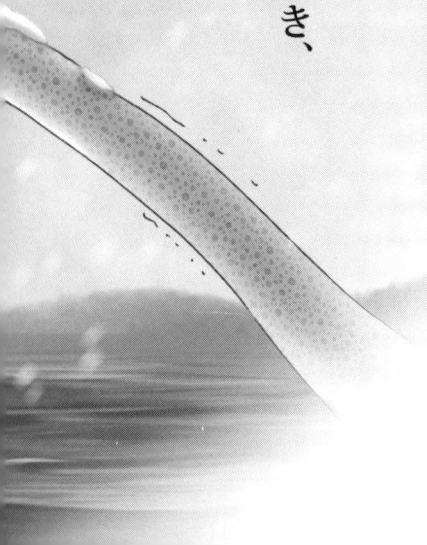

海になじめず、つぎつぎに
死んでいった。
このままでは、なかまは、
ぜんめつだ！

フタバスズキリュウのボスは、一大決心をした。
それは、なかまをひきつれて、南のあたたかい
海へうつることだった。
こうして、長い長い旅がはじまったのだ。
広いひろい海を、ボスにひきいられた、
フタバスズキリュウたちは、それまで
いちども、けいけんしたことのない、長い
旅をしながら、あたたかい南の海をめざした。
みんながすっかりつかれ、もうこれいじょう
進めない、というところで、ようやく

ひとつの島を見つけた。

そのまわりの海は、それまで

フタバスズキリュウのなかまたちが

くらしてきた北の海にくらべて、ずっと

あたたかで、しかも、魚や貝がたくさんいた。

一四ひきのフタバスズキリュウのなかまが、

生活するのには、すばらしいところだ。

「クワーッ！（さあ、ゆっくり休んでくれ。おいしい

魚や貝も、この島のまわりにはたくさんいるぞ。これからは、

この島が、われわれのねじろだ）」

ボスはまんぞくそうに、
なかまたちを見まわしながら

いった。

そのとき上空を、つばさをひろげた五、六ぴきの翼竜プテラノドンがとんできた。

プテラノドンも、この島をねぐらにしていたのだ。

「ガー！（おい、おい、てめえら、勝手に、おれたちのなわばりをあらすと、しょうちしねえぞ）」

プテラノドンの、おやぶんらしい大きな一羽が、ぐーんと急降下してくると、フタバスズキリュウたちに向かって、おどすようにさけんだ。

「クワッ！（きえろ！　出てうせろ！）」

ボスは長い首をのばし、いまにもプテラノドンをひとかみするように、カチッ！　と歯をならした。

びっくりしたプテラノドンのおやぶんは、あわてて上空にまいあがり、なかまたちとともに、空の上から、

「ガー！（いまにみてろ！）」

と、すてぜりふをのこして、島の向こうがわへ、すがたをけしていった。

プテラノドンをやっつけろ！

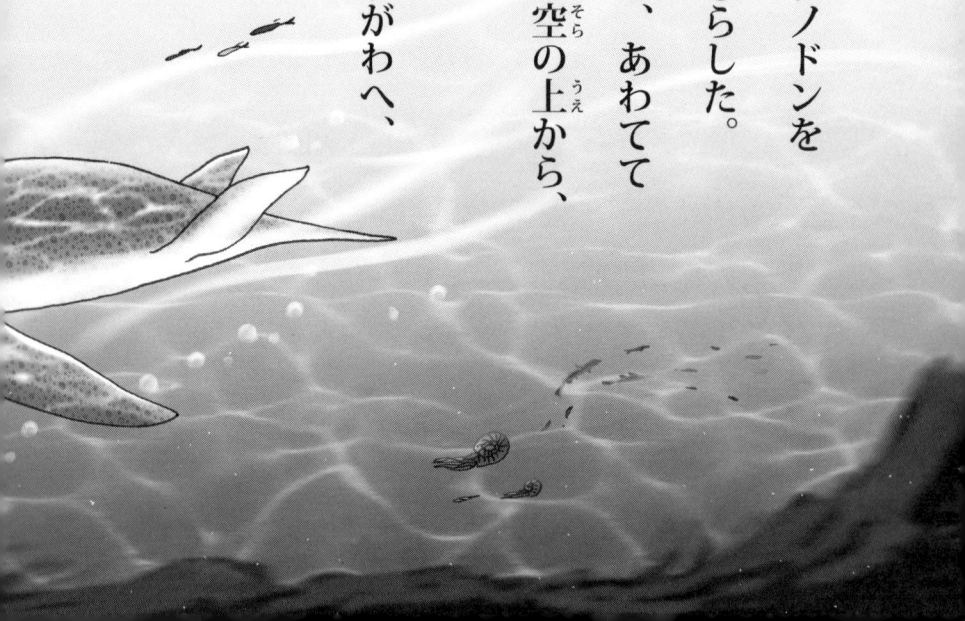

朝、ちびは、ボスやめすやあにきたち、
くびながりゅうのなかまたちといっしょに、
海にもぐった。
朝ごはんの、魚とりだ。
新しくやって来た、フタバスズキリュウに、
これまでいた魚たちは、びっくりしてにげまわった。
ボスもめすたちも、さすがに魚とりがうまい。これはと
ねらいをつけたえものに向かって、さーっと、すばやく
からだをくねらせておよぎ、追いつくと、たくみに長い首を
のばして、パクッ！　と魚をつかまえる。

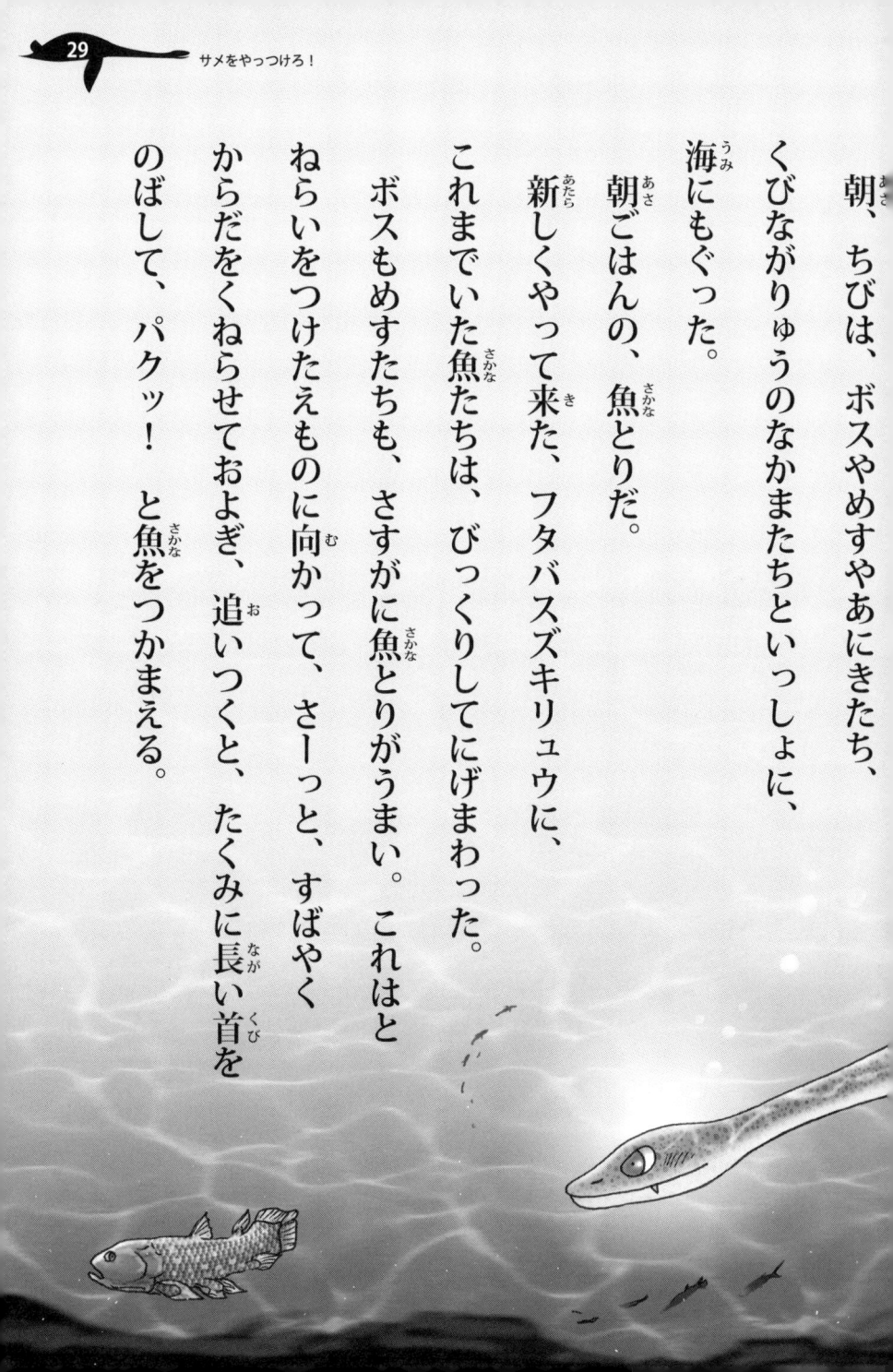

だが、ちびはそうはいかない。あとひと息というところで、魚ににげられた。

ちびはけんめいに、魚を追っかけた。魚たちは、相手がちびだから、そんなにうろたえない。

ふん、ちびのくびながりゅうだ。そうかんたんに、つかまってたまるもんかと、なかにはおどけたようすで、ちびの目の前にすーっと近づいて、ひょいと、からだをかわし、またぐーんと海の上へ向かってにげるのもいた。

そのあとをちびは、けんめいに追いかけた。

魚は海面すれすれに、にげる。

と、とつぜん、上空からさーっと、

黒いかげが落ちてきた。

プテラノドンだ！

プテラノドンは、上空をまいながら、海面にあがってきた魚をねらって急降下！

パクッ！

プテラノドンの、するどくとがったくちばしが、海面の魚をくわえ、そのまま、さっとつばさをひるがえして上空へ！

それはちびにとっては、あっというまのできごとだ。せっかくの魚を、プテラノドンにさらわれてしまったのだ。

ちびはくやしくて、海の上にぐーんと首を

のばし、上空のプテラノドンのかげを追った。

そのとき、なんと、べつのプテラノドンが、海の上にすがたをあらわしたちびの頭を、とがったくちばしで、つっついたのだ。

「クワッ！（いてーっ！）」

ちびは、あわてて、海中へもぐった。

「ケケケケケ……（へっへっへっ、ざまあみやがれ）」

上空では、プテラノドンたちが、まるであざわらうように、大きな声でわめきたてた。

いい気になったプテラノドンたちは、
海面すれすれにまいおりてきた。

そんなようすを、ボスは海の中から、しっかりと見さだめていた。

ボスは、魚を海面のほうへ追った。魚のすがたが海面にあがってくるのを見て、しめたと思ったのか、プテラノドンのおやぶんは、さーっと上空から急降下！するどいくちばしでパクッ！　と魚をつかまえた。

そのしゅんかんを、フタバスズキリュウのボスは見のがさなかった。魚をくわえたおやぶんめがけてボスの首がのびた。

「キーッ！」

プテラノドンの悲鳴が、海面をはうように流れた。

そのときには、ボスの口は、プテラノドンの首に、しっかりとかみついていた。

ボスは、プテラノドンをくわえたまま、海の上に、高だかと首をのばした。

プテラノドンのおやぶんは、なんとかのがれようと、ひっしに、大きなつばさをバタバタさせたが、がっぷり首にかみつかれては、どうにもならない。

空をまっていたプテラノドンたちは、おやぶんをくびながりゅうにやられて、大あわてで、島のねぐらへにげかえった。

このボスのたたかいぶりを、なかまたちといっしょに、ちびは息をのんで見つめていた。すごい！　と思った。そして、いつかきっと自分も、ボスのようになりたい、と思うのだった。

サメとのたたかい

なん日かすぎて、ちびたち
フタバスズキリュウのなかまたちが、
南の海でのくらしになれたころ、おそろしい

できごとがおきた。夕ぐれに、食事に海にもぐったなかまの一ぴきが、サメにおそわれて死んだのだ。

サメは、三〇ぴきものむれをつくって、この島のまわりにあらわれた。そして、くびながりゅうたちに、たたかいをいどんだのだ。

「クワーッ！（みんな、しっかり聞いてくれ。われわれにとって、生きるか死ぬかの一大事がやって来た。われわれは、サメとたたかわねばならぬ。そして、なにがなんでも勝たなくては、われわれはここで生きていけないのだ）」

ボスは浜にみんなを集め、
力づよい声でそういった。
サメは、おそろしい海のギャングだ。

ボスは、一三ひきになったなかまを、ちびをのぞいた四ひきずつ、三つの隊にわけた。四ひきずつがかたまって、ボスの隊の前後左右をかため、サメを相手にたたかおうというのだ。

「クォーッ（ちびは、このおれからはなれるなよ。いいか、どういうふうに、サメとたたかうか、しっかりその目で、見ておくんだぞ）」

フタバスズキリュウは、これまでも北の海で、サメを相手にたたかったことがある。ちびを生んですぐの、そのとき、ちびのかあちゃんは、サメにおそわれて死んだのだ。

朝の日ざしが、ようやく海にとどき、ほんのりと海面があかるい光にてらされたとき、フタバスズキリュウたちは、海へもぐった。

ちびは、ボスのそばに、ぴったりとよりそっていた。

なかまたちは、四ひきがひと組になって、海の中を、ぐんぐん進んだ。

いた！　ゆらゆらとゆれる海草のしげみの向こうに、三〇ぴきのサメたちが、まっしぐらに進んでくるのが見えた。

三〇ぴきのサメはバラバラになり、一三ひきの

くびながりゅうめがけて、
おそいかかってきた。

四ひきずつにかたまった、くびながりゅうは、ボスの前後左右をかためた。大口の歯をむきだして、サメはボスをねらって、おそいかかった。

しゅんかん、ボスは、おそいかかるサメのからだを、横からきりさいた。赤い血がパッ！　と海中にひろがる。

一ぴき、二ひき、三びきと、サメたちは、フタバスズキリュウのするどい歯にかかって、たおされていく。

なかまの血を見たサメは、ますます気をあらだてて せまる。フタバスズキリュウのなかまも、サメに首や

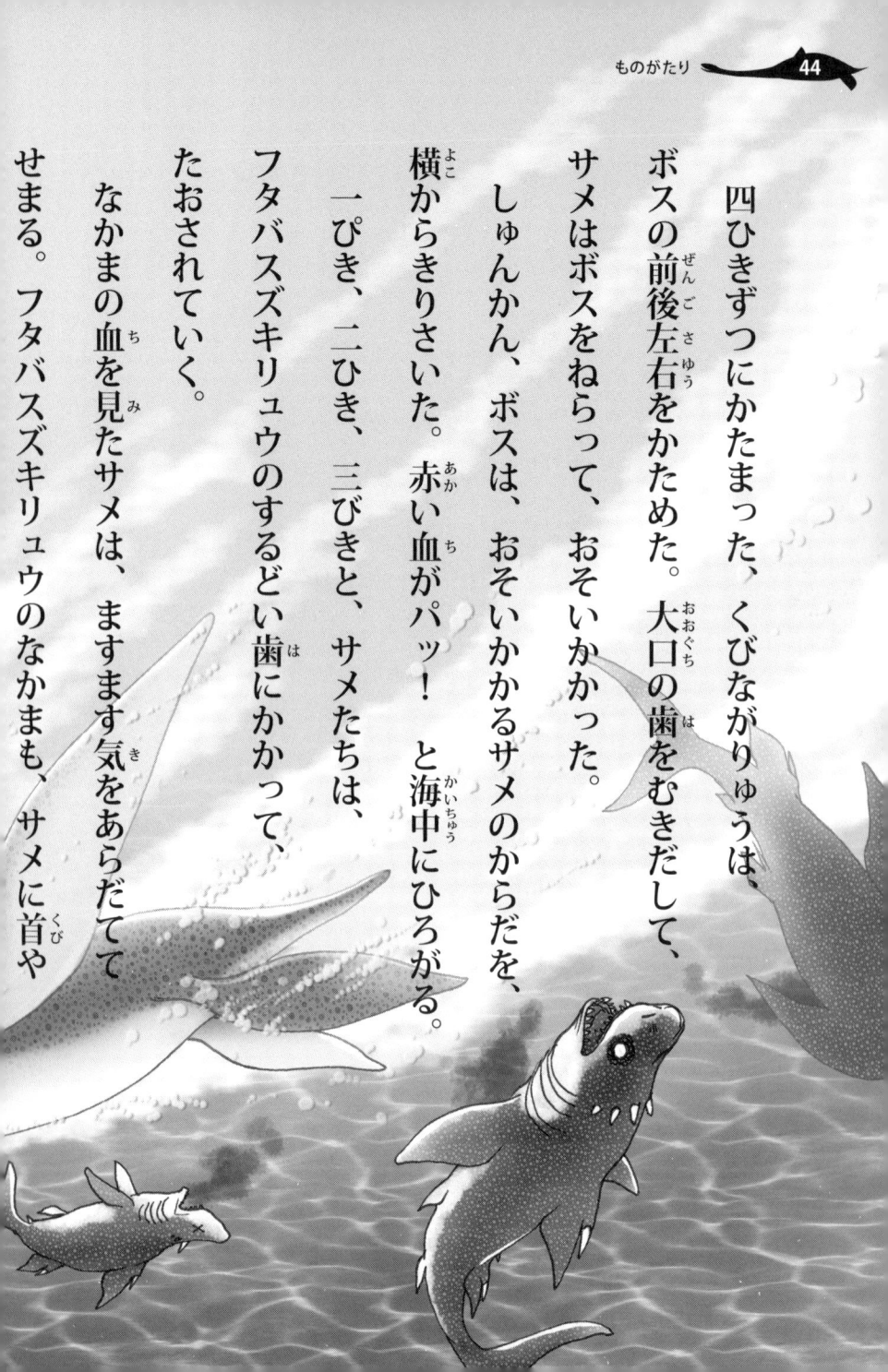

ひれをかまれながらも、けんめいにたたかった。

とくに、ボスのたたかいはみごとだった。

どんなことがあってもサメを近づけず、おそいかかるサメを、長い首を使って、みごとにさばいていく。

くるっ！　くるっ！　くるっ！　そのみごとなからだの回転と、自由自在な首のうごきに、サメどもはついていけず、ただあせるばかりだ。

ボスの歯は、そんなサメの首ねっこや、わき腹やしっぽに、ザックリとつきささり、かみきった。

ちびは、ボスのそばにしっかりついて、ボスのたたかいを

見つめていた。

向こうでは、あにきもがんばっていた。あにきは、前びれをサメにかまれながらも、ひっしにたたかった。

一ぴき二ひきと、あにきの前にサメはたおされて、海底めがけてしずんでいく。

三〇ぴきのサメは、すでに二〇ぴきがたおされた。これいじょう、とうてい勝てないとみたのか、のこりのサメたちは、あわててにげだした。

追いかけようとするなかまを、ボスは、とめた。これいじょう追うことはない。多くのなかまたちを

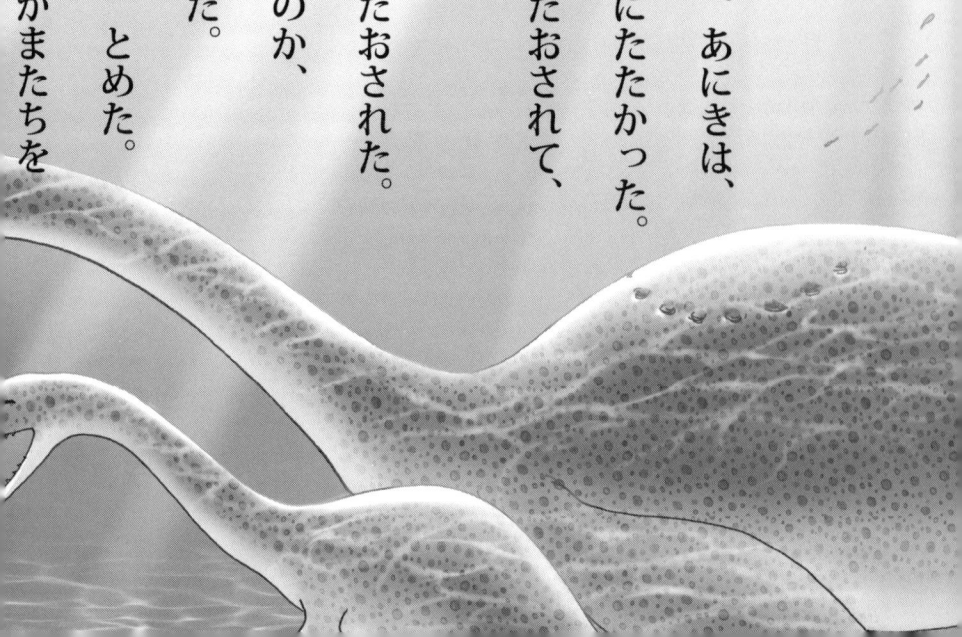

やられてしまったサメは、もうこりごりのはずだ。フタバスズキリュウが、どんなに手ごわい相手であるかは、もう、じゅうぶんにわかったことだろう。

二どと、かれらのなかまは、ボスに、たたかいをいどむことはないだろう。

あちこちに、きずをおったなかまもいる。しかし、フタバスズキリュウたちは、みんな元気だ。

ボスを先頭にしたフタバスズキリュウたちは、ゆうゆうと、朝の海を、ねぐらの島へと帰っていく。

ちびも、ボスについておよいでいく。ちびのかあちゃんは、

北の海にいたころ、サメとのたたかいで死んだ。だが、きょうは、みんな元気で、サメとのたたかいに勝ち、かあちゃんのかたきうちができた。

やがて、ちびもおとなになる。そのときは、なかまを守って、ボスのようにたたかわなければならない。

そのときのためにもちびは、これからいっしょうけんめい、生きなければならないのだ。

朝の海を、太陽の光がうつくしくてらしている。

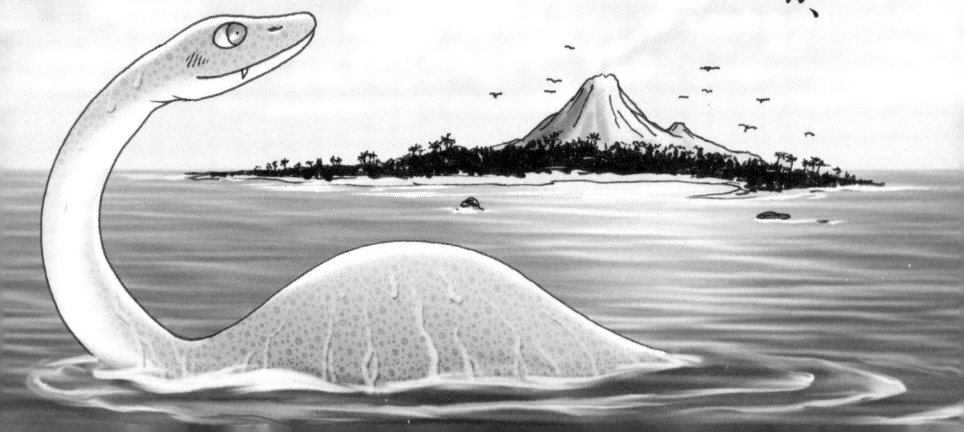

なぞとき

フタバスズキリュウの発見（はっけん）

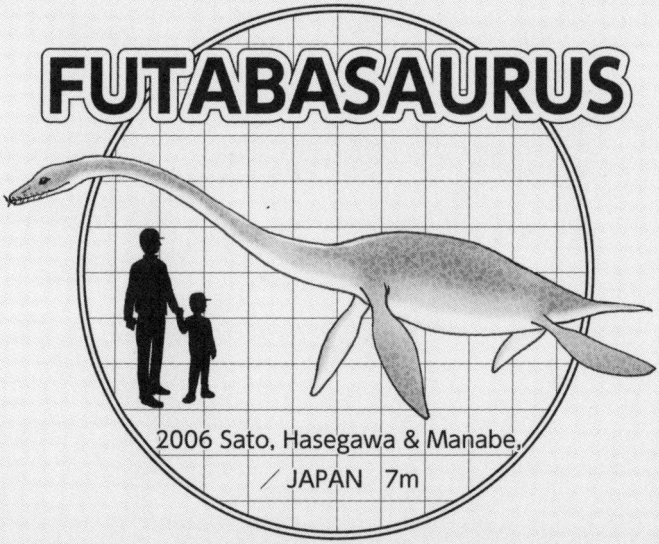

首長竜とは？

フタバスズキリュウのものがたり、いかがでしたか。

フタバスズキリュウは、わが国で発見された首長竜です。首の骨など、一部の骨は欠けていましたが、頭骨から背骨、ひれ足などがそろったみごとな化石です。

復元した骨格の模型は、発見地である福島県いわき市の石炭・化石館に、実物は東京の

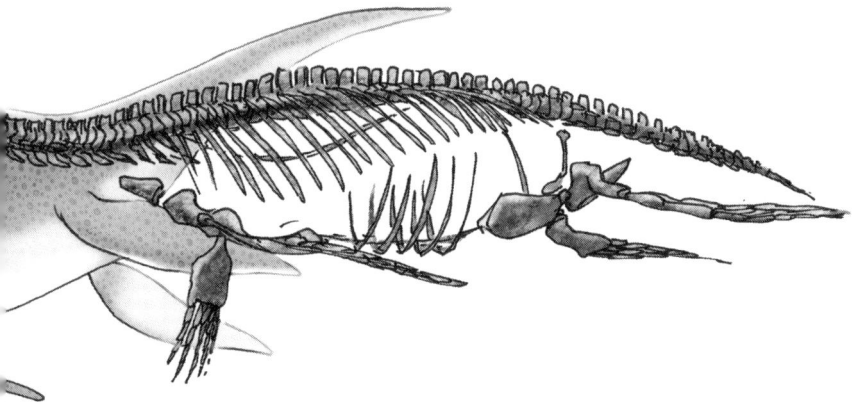

国立科学博物館に、たいせつに保存されています。

首長竜は、その字のとおり首が長く、よく「海にすむきょうりゅう」とよばれますが、学問的には「きょうりゅう」とは分けて考えられています。

これまでこのシリーズでは、陸にすんでいたきょうりゅうと、空にいた翼竜について書きました。空にいた翼竜は、陸のきょうりゅうとおなじころ、つまり中生代とよばれる時代に、地球上に生息した、はちゅう類です。

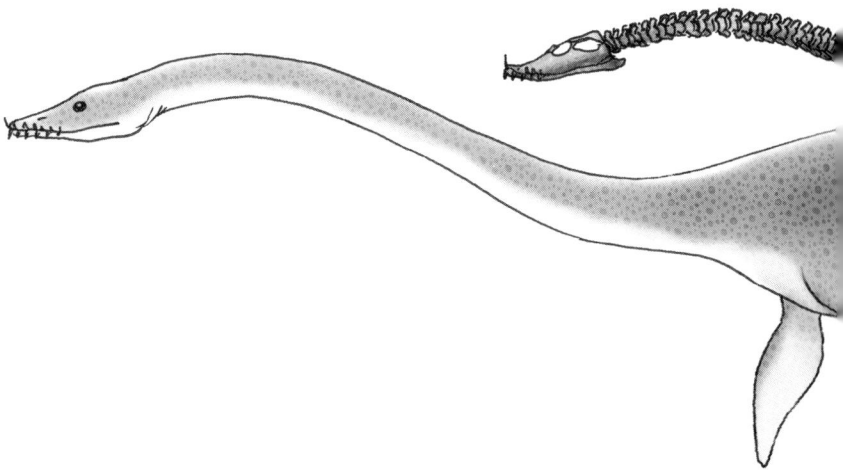

一方、海にいた首長竜も、おなじ時代のはちゅう類のなかまです。

そのころの海には、首長竜のほかに魚竜（イクチオサウルス）や、ウミトカゲ（モササウルス）などのはちゅう類も生息していました。これらをあわせて海竜とよんでいます。

そして、いまからおよそ六五〇〇万年前（白亜紀後期）になると、陸にいたきょうりゅうをはじめ、空にいた翼竜、海にいた海竜のなかまはすべて、ほろんでしまい、いまではもう、その生きたすがたを見ることはでき

ません。

でも、世界のあちこちから、化石となって発見され、これらの生きものたちが、どんなすがたをし、どんなくらしをしていたかが、古生物学者たちによって、しだいにあきらかにされていきました。

首長竜は、いまの動物にたとえると、カバのように大きな胴体をもち、キリンのような長い首に、オットセイのようなひれをもった生きものを想像していただければよいでしょう。

ウミガメの胴体に、ウミヘビがささっていると たとえる人も多いようです。

ただ、このなかまには、とても首の長いものと、みじかいものの、二つの種類がありました。

プレシオサウルスは、首の長いなかまで、なかでも、エラスモサウルスとよばれるプレシオサウルス科の首長竜は、全長一四メートルのうち、首の長さが半分いじょうもあり、なんと首の骨（頸骨）が、七六個もありました。

こんなに長い首を、どううごかして生活していたのでしょうか。ある古生物学者は、お

シオサウルス（3.5m）世界で最初に見つかった首長竜です。

そらくプレシオサウルスのなかまは、ふだんは、首をうしろのほうに「S」の字の形に曲げていただろう、といっているほどです。

一方、首のみじかいほうの代表にはクロノサウルスがいます。クロノサウルスは、体の長さが九〜一〇メートルで、首はその三分の一ほどの長さでした。

首長竜は、陸にいたきょうりゅうとおなじ、はちゅう類でしたから、もちろん魚のように、えらを使って水中で呼吸をしたわけではありません。だから、水の中で生活していても、

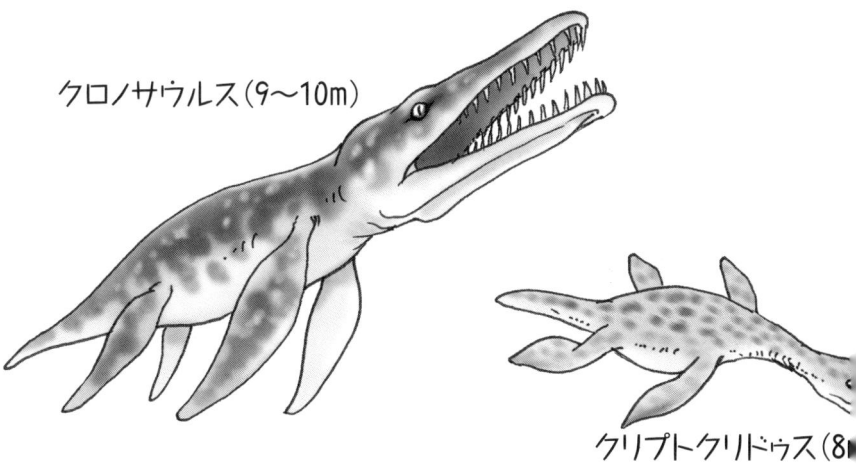

ときどきは、頭を水面に出して、呼吸しなければなりませんでした。ちょうど、いまのクジラのように。

体の前後についた四本のひれ足は、海ガメのひれ足に似ており、おそらくこのひれ足を使って、じょうずに水中をおよいだだろうと考えられています。

泳ぐときのひれ足は、ボートのオールのように、前後にこぐやり方ではなく、上下に、羽ばたくようにうごかしただろうと考えられています。

前後のひれ足を交互にうごかして泳いだと考えられています。

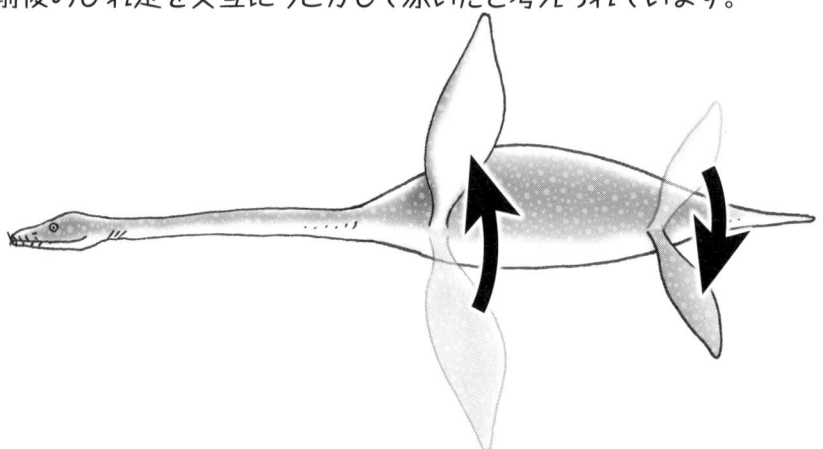

しっぽはみじかく、泳ぐときのカジのやくめをはたしたのでしょう。

むねは、板になった骨（肩甲骨）によって守られていましたし、背とわき腹とは、あばら骨（脇骨）で、しっかりと守られていました。

頭骨もがんじょうにできていて、ワニのようにするどい歯がありました。この歯で、海にすむ魚や貝をとって食べていたのです。

ものがたりの中に、フタバスズキリュウのボスが、空をとぶプテラノドンをつかまえて

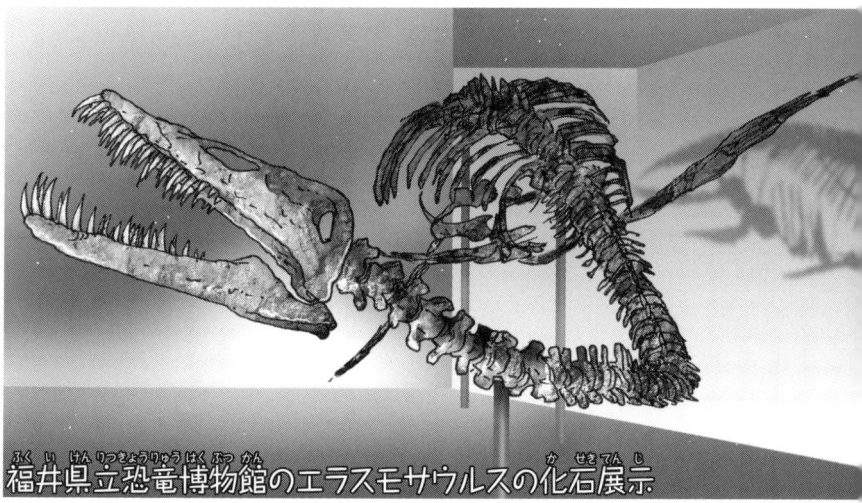

福井県立恐竜博物館のエラスモサウルスの化石展示

食べるところがありました。

じつは、アメリカで発見された首長竜の胃ぶくろと思われるあたりから、魚やイカの骨の化石といっしょに、翼竜プテラノドンの化石が発見されました。そのことから首長竜が、長い首をのばし、空をとぶ翼竜をつかまえて食べていたことがあきらかになったのです。

鈴木少年の発見

それではいよいよ、この本のものがたりに

登場したフタバスズキリュウについて、お話を進めましょう。

フタバスズキリュウは、ひとりの少年によって発見されました。

その少年の名は鈴木直くん。福島県のいわき市にすんでいました。

鈴木くんは小学校六年のとき、学級花壇の作業で、ぐうぜん大むかしの木の化石を発見しました。そのことがきっかけになり、大の化石ずきになったのです。

鈴木くんのすむ、いわき市の一帯には、双

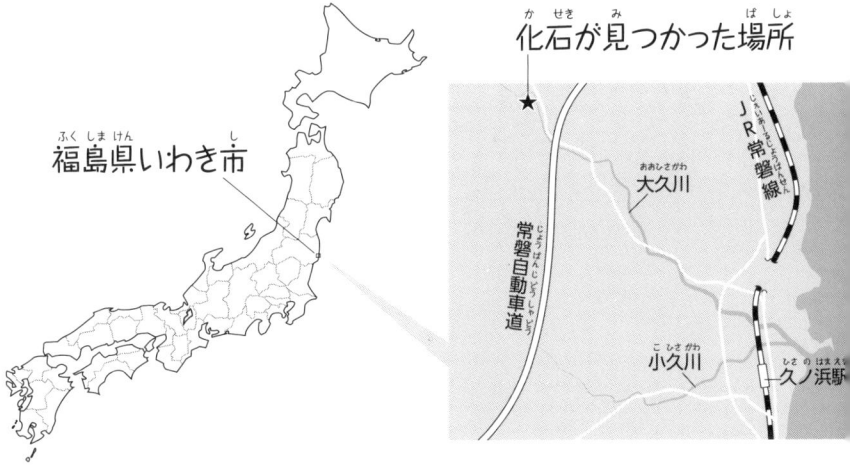

葉層という、約八五〇〇万年前（中生代・白亜紀）の地層があり、そこから貝や魚などの化石が発見されていました。

そこで鈴木くんは、日曜日になると、近くを流れる大久川の、板木沢という化石の出る場所へでかけて、化石集めに熱中しました。

中学生になっても鈴木くんは、こつこつと化石を集め、勉強部屋には、集めてきた貝や魚の化石が、木箱にぎっしりとつめられていました。

こうして、中学から高校へ進んだ鈴木くん

発掘場所は子どもたちの水あそび場でした。

の化石熱は、いっこうにおとろえません。

鈴木くんが高校二年生になった昭和四十三年の秋のことです。いつものように板木沢に化石さがしにでかけました。

鈴木くんは、それまでにも、アンモナイトのりっぱな化石を見つけており、それがなによりのじまんでした。

アンモナイトは、きょうりゅうが地球上にすんでいた中生代とよばれる時代に、海にいたイカの祖先にあたる生物です。

アンモナイトは、大きなカラの中に体を入

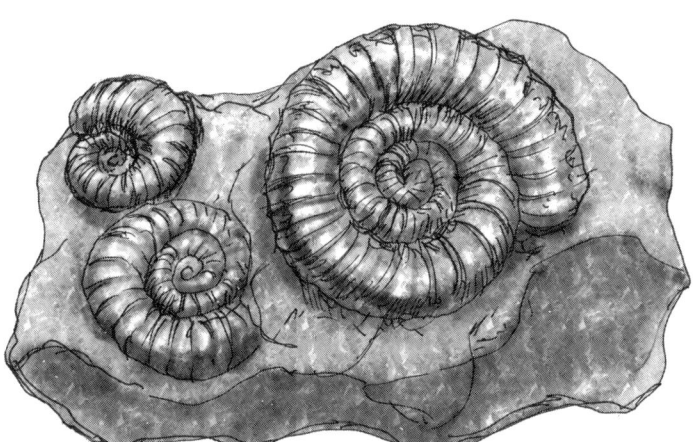

アンモナイトの化石の例

れており、そのカラが化石となってのこっているのです。

「今日は、なんとしても、アンモナイトを見つけなきゃ」

そんなことをつぶやきながら、大久川の川ぞいの道を歩いていると、川岸の岩になにか黒っぽいものが見えました。

「おや？」

鈴木くんは、川岸におりて、その岩をハンマーでたたいてみました。岩はわれて、中から黒っぽいサメの歯が出てきました。

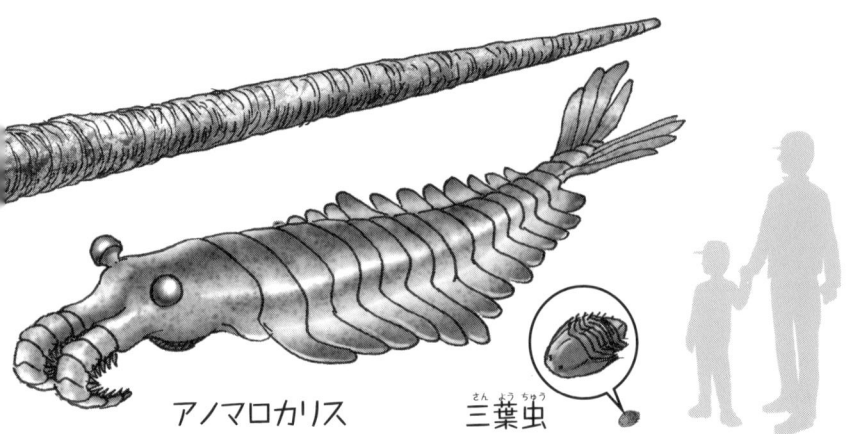

りゅうたちより前には、こんな生きものたちが海を支配していました。

「サメの歯だ、こりゃ」

鈴木くんは、前にもいくどかサメの歯を見つけたことがあるので、すぐにわかりました。

ところが、サメの歯が出てきたその岩のおくに、まだなにか大きな黒いものが見えます。

「へんだなあ、いったいなんだろう……」

鈴木くんは、ハンマーで、岩をわりながら、その黒っぽいものをとり出そうとしました。

ところが、それはちょうど、竹のようにまるい筒型で、節があり、おくへずっとつづいていました。あとでそれは、首長竜の背骨で

首長竜だけじゃない! 海にいた生きものたち①

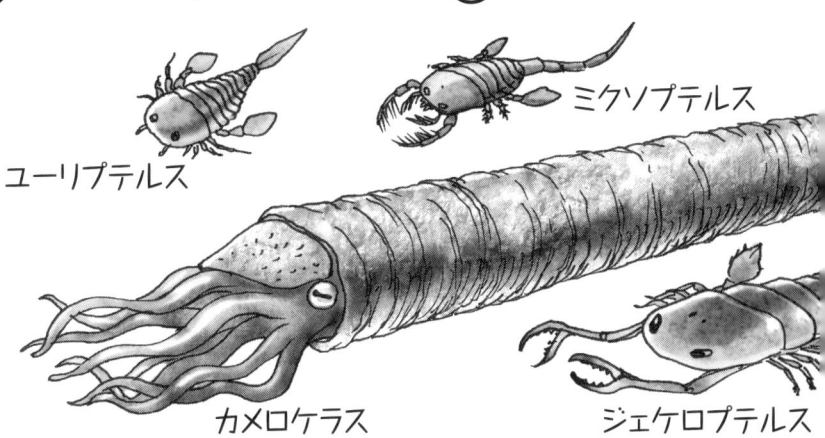

あることがわかるのですが……。

鈴木くんは夕方まで、せっせと岩をわり、筒型のふしぎな化石を、三つ節分だけほり出して、家へもって帰りました。

「いったい、なんだろう……」

化石の図鑑などをとりだして、調べてみましたが、さっぱりけんとうがつきません。

そこで鈴木くんは、東京国立科学博物館の古生物学者小畠郁生先生あてに、発見した化石のスケッチをそえた手紙をかき、なんの化石か教えてほしいとたのみました。

鈴木くんのスケッチを小畠先生から見せてもらった、古生物学者の長谷川善和先生は、鈴木くんにあい、実物を見ておどろきました。

「この骨の形やようす、それに発見した地層からみて、おそらく魚竜か首長竜のだよ」

小畠、長谷川の両先生は、鈴木くんのあんないで現場へ行き、地中に骨の化石がのこっていることをたしかめました。

こうして、長谷川先生たち古生物学者による発掘がはじまりました。

化石が見つかった現場は、片がわが川で、

首長竜だけじゃない! 海にいた生きものたち②<魚類>

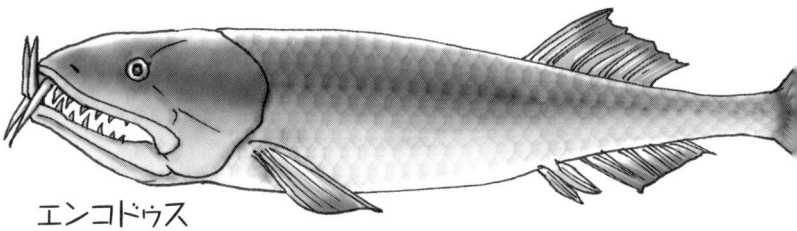

エンコドゥス

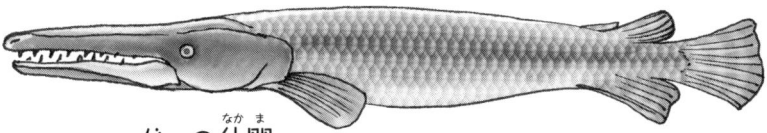

ガーの仲間

片がわが道路になった、せまいところでした。川のほうは、すでに流れでけずられてしまい、化石はのこっていません。

化石があると思われるのは、道路に向かった川ぞいの、わずか六メートルほどのところです。

長谷川先生たちは、鈴木くんをまじえて、足場のわるい川岸で、道路がわに向かって化石をほり進めていきました。

鈴木くんが、最初に背骨を見つけた場所から一メートルほどはなれたところに、頭骨ら

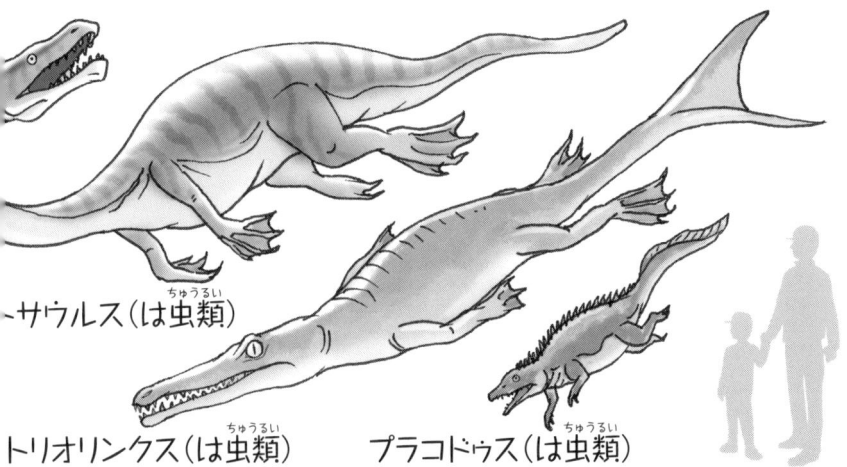

しい黒っぽい骨が出てきました。骨に、するどくとがった歯がついていました。

さらにほり進めると、うすっぺらで、たいらな骨があらわれました。それは骨盤（腰の骨）でした。

骨盤の近くから、ついにひれ足が見つかりました。ひれ足は、がっちりとして大きく、ひと目見ただけで、首長竜のものであることがわかりました。

長谷川先生はひれ足をほり出しながら、鈴木くんたちに、つぎのような説明をしました。

首長竜だけじゃない！ 海にいた生きものたち③ <は虫類>

魚竜も、首長竜も、海にすんでいたことではおなじ、海竜のなかまです。

でも、魚竜のひれ足は、魚のひれとおなじように、泳ぐときに体のバランスをとるだけのために使われるので、みじかくて小さいのです。

それにくらべ、首長竜のひれ足は、海ガメのように、ひれ足をうごかして泳ぐために使われました。

ほり出されたひれ足は、それが、首長竜のものであることをものがたるように、長くて

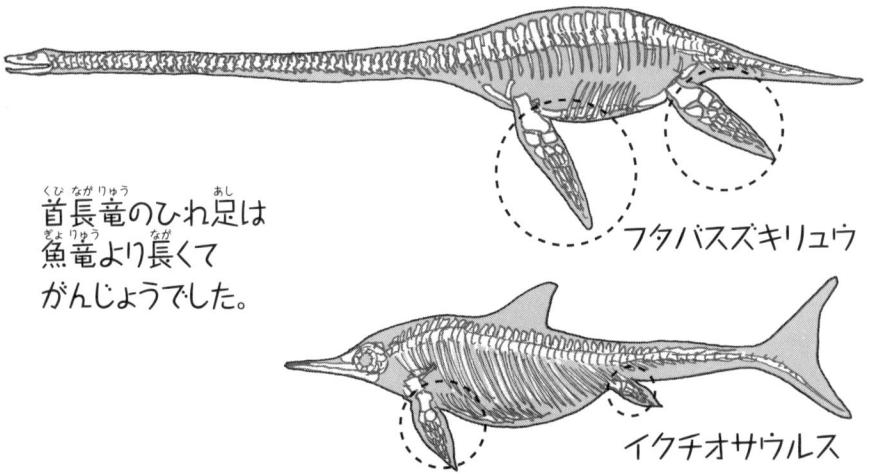

首長竜のひれ足は
魚竜より長くて
がんじょうでした。

がんじょうなつくりになっていたのです。

それは、骨盤の近くにあったことから、首長竜の、うしろのひれ足であることもわかりました。

こうして、頭、胸、腰、尾、ひれ足などが、岩の中にうずまっていることが、あきらかになりました。しかし、かんじんの首の骨は、川の流れで、すっかりけずりとられてしまっていました。

首長竜の化石は、あおむけになって岩の中にうずまり、首を体のほうに、ぐっと曲げて

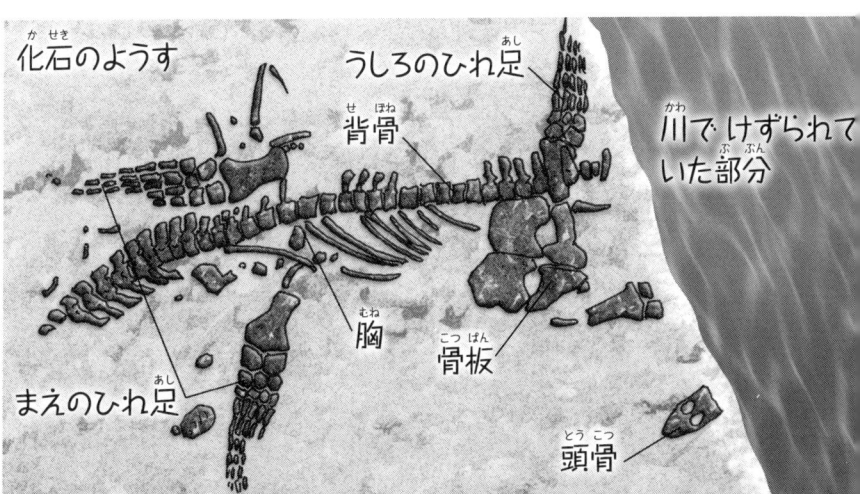

いました。

その首の骨にあたる部分を、川の水がけずりとってしまったのでした。

骨のうまっている、四トンもある大きな岩は、そのままそっくりとり出し、トラックにのせて、東京の国立科学博物館の研究室に運ばれました。

よみがえったフタバスズキリュウ

国立科学博物館の研究室に運ばれた、化石

のつまった岩（母岩という）から、ほぼ一年がかりで、首長竜の骨がとり出されました。

化石は、まわりの岩よりもやわらかいので、ちょっとむりをすると、ぽろっ、とこわれてしまいます。

そのため、小型のハンマーやタガネを使い、じわじわじわじわ、まるではれものにでもさわるようにして、用心ぶかく、まわりの岩をはぎとっていくのです。

そばで見ていると、まるで気が遠くなるような仕事です。その作業を古生物学では、ク

リーニングとよんでいます。

こうして母岩から、つぎつぎと化石になった首長竜の骨がとり出されました。

まるで、ワニの歯を見るような、するどくとがった歯をもつ頭骨は、前の部分から、三分の二ほどがのこっていました。

目の位置には大きなあなが二つ、ぽっかりとあいていました。

がっちりとした胸骨、背や腹を守る肋骨、腰をささえる骨盤、そしてオールのような、みごとなひれ足が、床の上にならべられまし

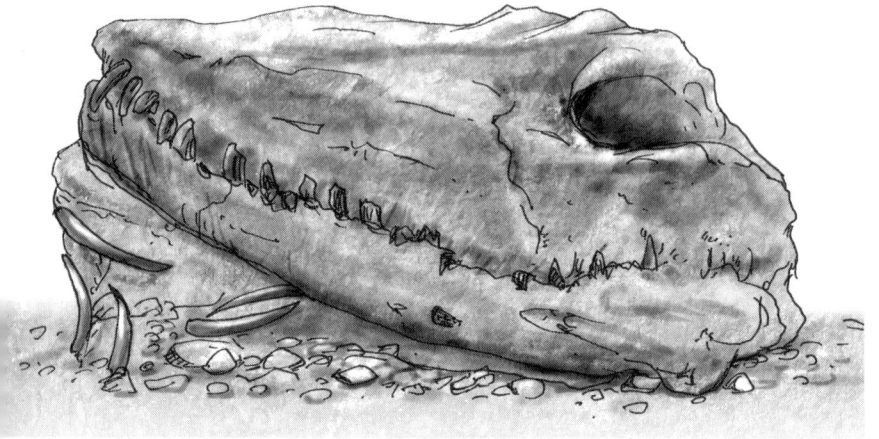

た。

日本ではじめて、しかも高校生の少年、鈴木くんによって発見された首長竜が、みごとに目の前にあらわれたのです。

ひれ足のつけねのあたりから、つきささったままのサメの歯が、いくつも見つかりました。

そのことで、首長竜がサメとたたかったことがあきらかになりました。サメの歯は、相手にかみついたあと、歯がぬけるしくみになっているのです。

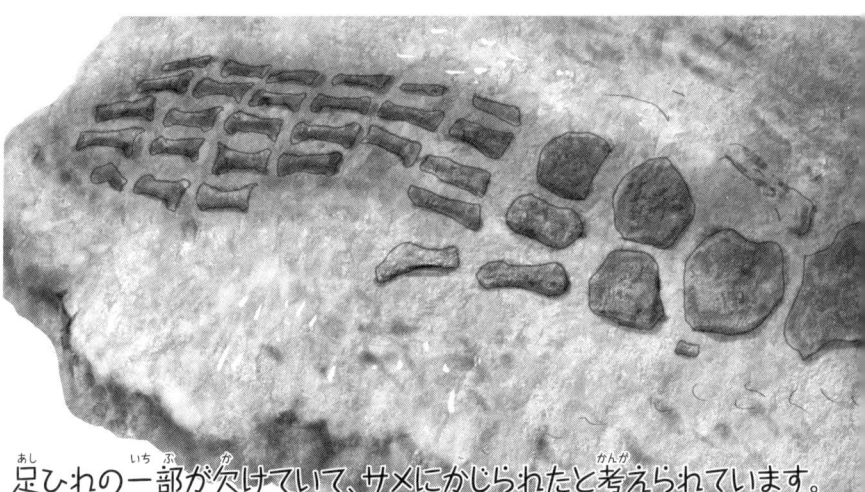

足ひれの一部が欠けていて、サメにかじられたと考えられています。

また、胃のあたりから、おとなのにぎりこぶしほどのものから、親指ほどの大きさのものまで、大小さまざまな石が、四〇個ほども出てきました。

それは「胃石」といい、食べた魚などを、胃ぶくろの中ですりつぶすために、飲みこんだ石です。

アメリカやヨーロッパなどからも、きょうりゅうのおなかから、こうした胃石が発見されています。

発見されたすべての骨から、川の流れでけ

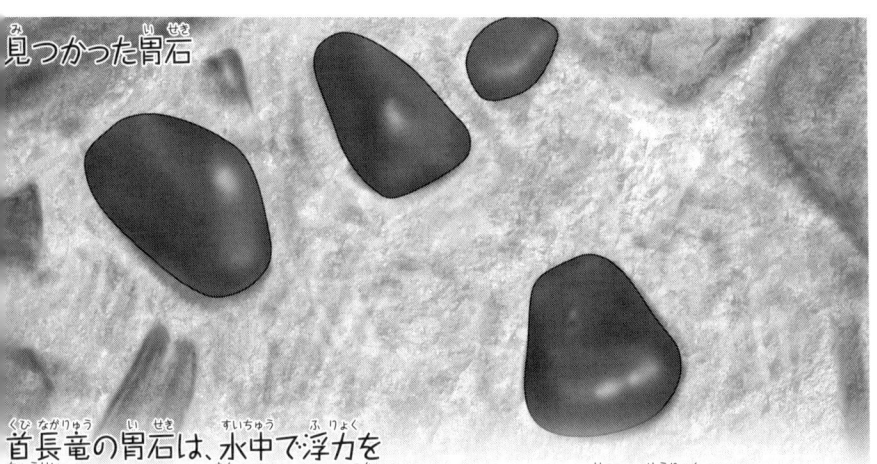

見つかった胃石

首長竜の胃石は、水中で浮力を調整するための「重り」として使われていたという説も有力です。

ずりとられてしまった、首の骨についての研究がはじまりました。

アメリカなどで発見されている首長竜を参考にしながら、首の骨が、どれくらいの長さだったかが計算されました。

発掘された首長竜は、プレシオサウルス類とよばれる首長竜の中では、白亜紀に生息していたエラスモサウルスに、もっとも近いことがあきらかになりました。

そこで、ほかの骨の大きさや形をもとに、首の長さが計算されました。

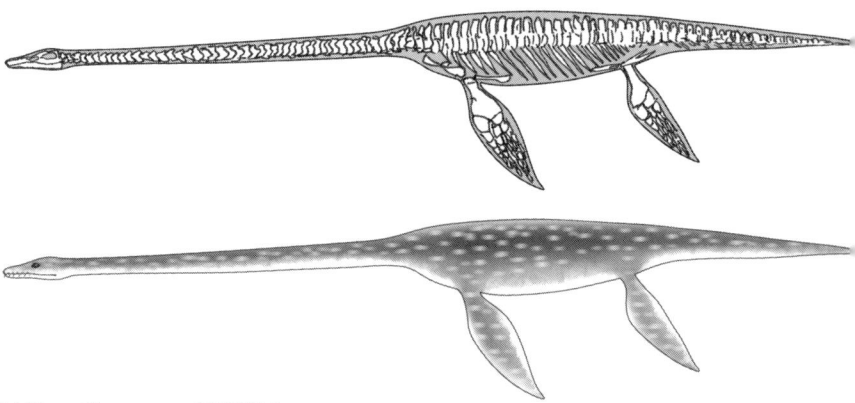

復元に使われた首長竜・ヒドロテロサウルス

こうして、発掘後およそ二年の歳月のあと、みごとな首長竜のすがたが、わたしたちの目の前にあらわれたのです。

全長六・五メートル、首の長さは、そのやく半分ほどもあり、前びれをひろげたはばは、およそ三・五メートルの、すばらしい首長竜です。

もちろん、復元にあたっては、プラスチックで、化石とまったくおなじ模型がつくられ、化石は、だいじに保管されました。

この首長竜には、発見地の地層である「双

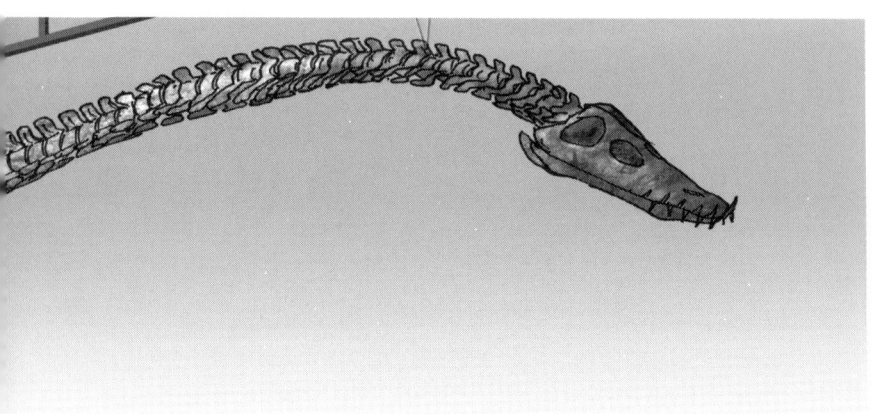

いわき市 石炭・化石館に展示されている復元模型

葉層」と、発見者「鈴木くん」の名まえをとって、「フタバスズキリュウ」と名づけられました。

そして、それから三八年たった二〇〇六年、世界の学会からようやく新種と認められ、その名も「フタバサウルス・スズキイ」と、正式の名まえになったのです。

オーストラリアもふくめて、アジアではじめて発見された海の王者フタバスズキリュウは、こうして誕生しました。

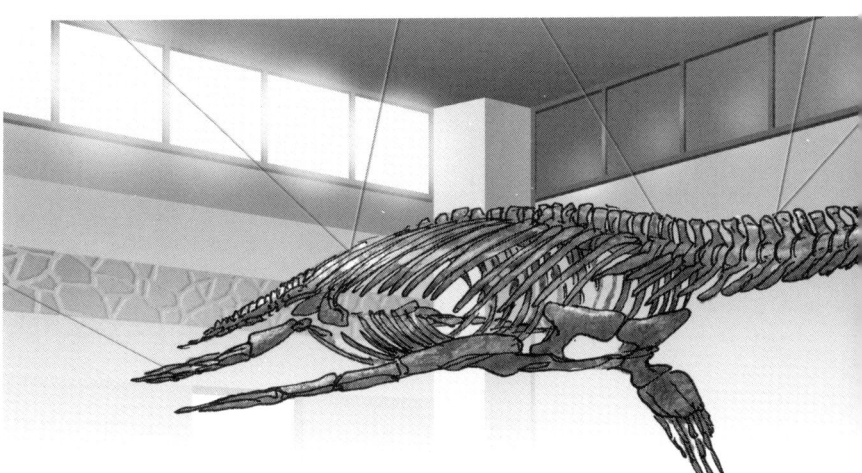

鈴木くんのすむ、いわき市の石炭・化石館には、そのフタバスズキリュウの復元模型が大きく展示されています。

そして鈴木くん、いえ成長した鈴木直さんはその後、化石発見地近くにできた、いわき市アンモナイトセンターに勤務し、主任研究員として、二〇一六年に退職されるまできょうりゅうや化石の研究にとり組まれました。

みなさんも機会があったら、ぜひたずねてみてください。

いわき市 石炭・化石館

サメとたたかったフタバスズキリュウ

この本のものがたりでは、最後にフタバスズキリュウたちが、サメを相手にたたかうようすをえがきました。

もちろん、あくまでも、想像でえがいたものですが、先にも書いたように、フタバスズキリュウの骨に、サメの歯がつきささっていたことや、骨のまわりから、たくさんのサメの骨が見つかったことをもとに、サメとのた

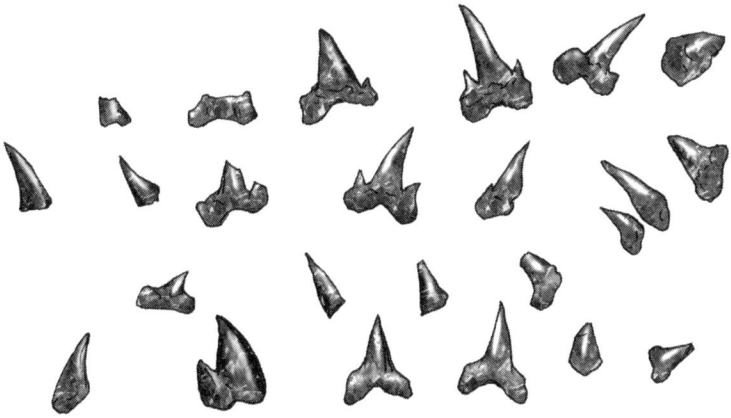

フタバスズキリュウと一緒に見つかったサメの歯の化石

たかいをえがいたのです。

サメは、いまでも海のギャングとたとえられるほど、こわい魚です。

この海のギャングは、大むかしから海にいて、魚たちを追いまわして食べました。

サメの祖先は、四億年いじょう前からすんでいたといわれます。

「クラドセラケ」とよばれるサメは、長さが二メートルほどで、北アメリカや、ヨーロッパなどから、化石が発見されています。

「ヒボドゥス」は、首長竜がいた白亜紀に、

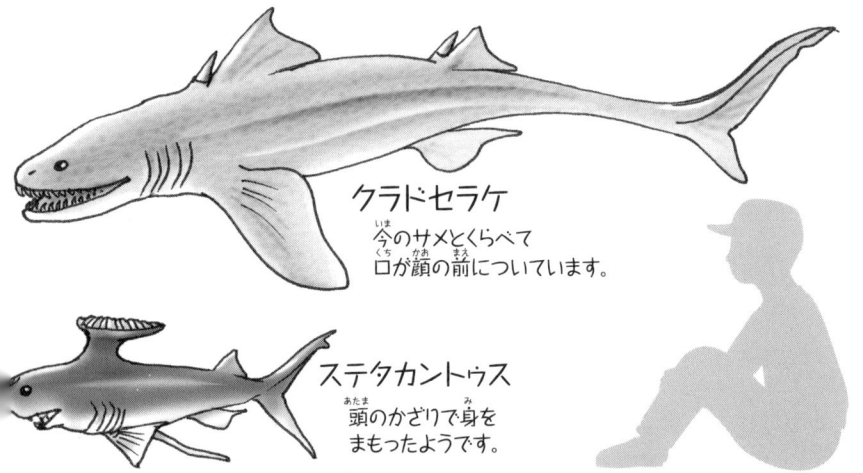

世界じゅうの海にいたサメです。長さは二メートルいじょうもあり、海のギャングにふさわしいすがたをしています。

サメの歯は、たえずぬけかわり、一週間にいちどくらいで、すべての歯が生えかわります。そして、相手にかみついたとたんに、サメの歯はぬけるのです。

フタバスズキリュウの骨につきささっていたサメの歯は、そのことをものがたっていたのでした。

この本には、海のサメのほかに、翼竜のプ

首長竜だけじゃない! 海にいた生きものたち④ <サメの仲間>

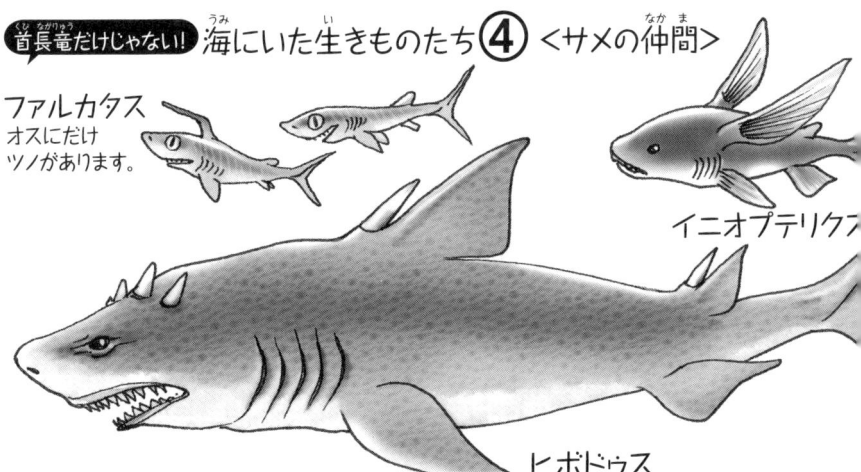

テラノドンが登場します。このシリーズの一冊『プテラノドン』は、空にいた翼竜のものがたりです。

プテラノドンは、翼竜の中では、ケツァルコアトルスについで大きく、つばさをひろげた長さが、七〜八メートルもありました。

その大きなつばさをひろげて、大空をとびまわり、小動物や魚などをとって食べていただろうと考えられています。

北アメリカで発見されたプテラノドンのおなかから、小魚の骨が出てきました。

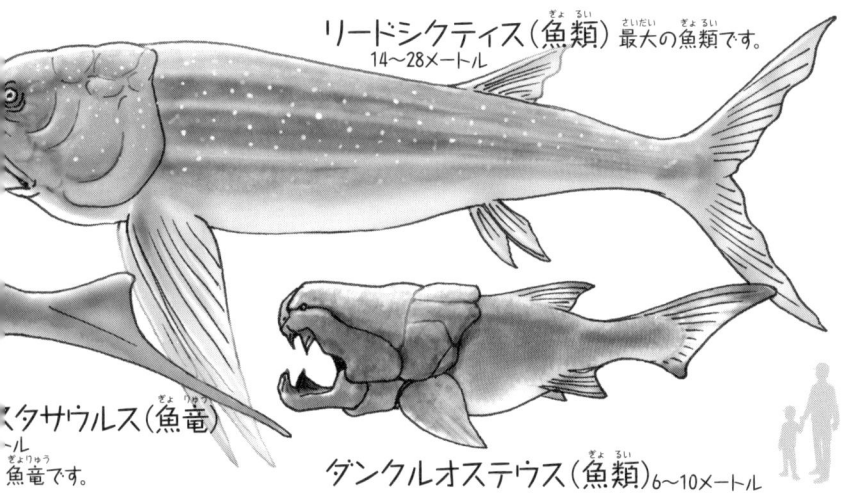

そのことから、プテラノドンは、おおざっぱにいえば、いまのアホウドリのように、海岸に面した高いところをすみかにして、海にいる魚を食べていたのではないか、と考えられています。

一方、前にものべたように、おなじ北アメリカで発見された首長竜のおなかに、プテラノドンの骨があったことから、首長竜が、空をとぶプテラノドンをねらって、食べていたことがわかりました。

この本のものがたりは、そうした事実をも

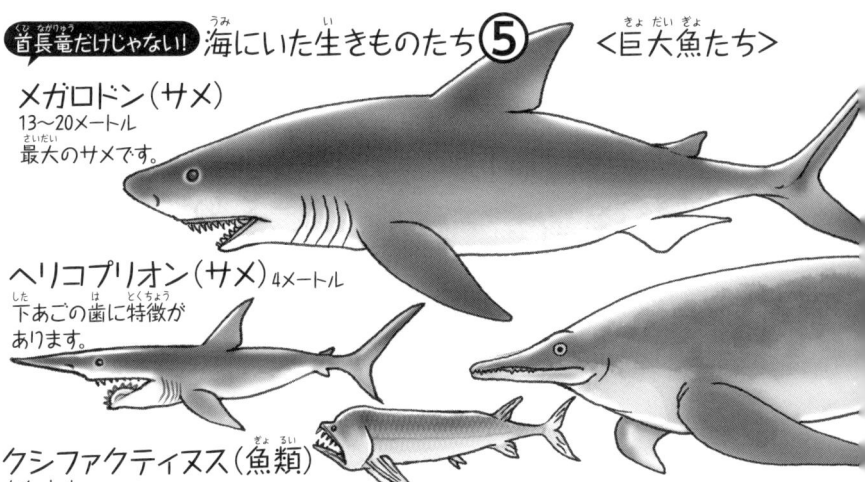

とにして書いたのです。

さて、最後になりましたが、ものがたりのはじめに、北の海にすんでいたフタバスズキリュウが、南の海へ長い旅をするところが、えがかれています。それは、北の海がだんだんつめたくなって、すめなくなったことによるのだ、と書きました。

なぜ、つめたくなったのか。それは、宇宙のかなたからとんできた巨大な隕石が、地球にしょうとつし、そのため空にまいあがったほこりで地球がおおわれ、太陽の熱をとおさ

うりゅうたちが ほろんだ後も生きのこっている水中の生きものたちです。

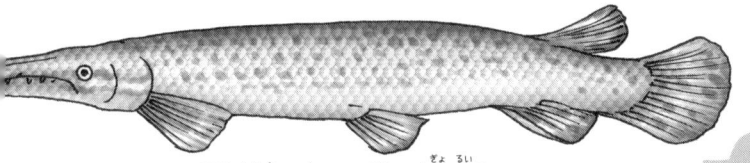

アリゲーター・ガー(魚類)

ムガイ(イカの仲間)

カブトガニ(クモの仲間)

なくなったからだと考えられています。

はたして、ほんとうに、そんなことがあったのでしょうか……。

これは、大問題です。首長竜だけではなく、地上のきょうりゅうや、空の翼竜にとっても、たいへんなできごとでした。

その隕石大しょうとつについては、このシリーズ『アンキロサウルス』を、ぜひ読んでくださるよう、おすすめします。

首長竜については、まだたくさんのなぞが

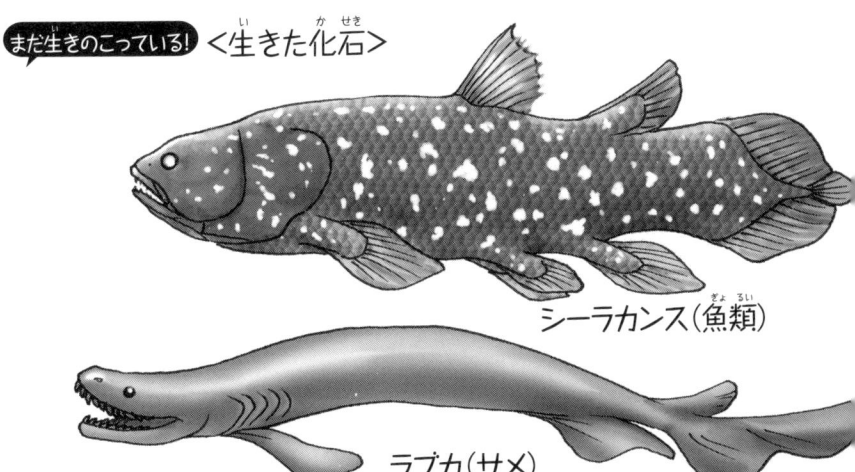

のこされています。その大きなぞのひとつが、「首長竜は、どこでたまごを生んだか」です。海ガメのように陸で生んだのか、あるいは海中で生んだのか。両方の説がありますが、まだまだわかっていません。

きょうりゅうは、これまで名まえがつけられたものだけでも一〇〇〇種類といわれています。これからもたくさんの化石が発掘され、新しい研究も進むことでしょう。

わたしたちも楽しみに、それを待つことにいたしましょう。

ポリコティルスという首長竜がお腹の赤ちゃんと一緒に発見されました。他にも魚竜のイクチオサウルスなど、たまごを生まずに、子どもを生むタイプの海竜がいたことがわかってきています。

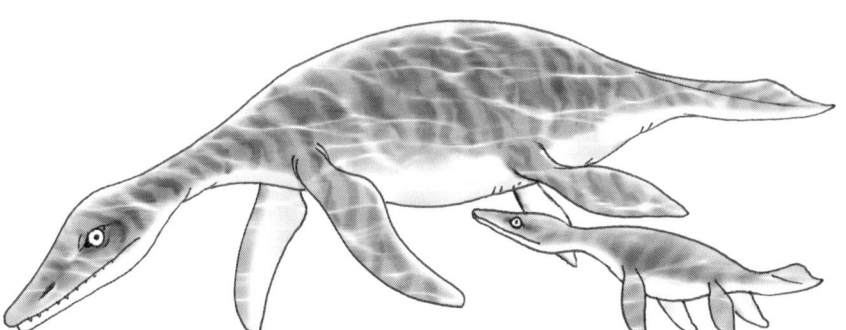

たかしよいち

1928年熊本県生まれ。児童文学作家。壮大なスケールの冒険物語、考古学への心おどる案内の書など多くの作品がある。主な著作に『埋ずもれた日本』（日本児童文学者協会賞）、『竜のいる島』（サンケイ児童図書出版文化賞・国際アンデルセン賞優良作品）、『狩人タロの冒険』などのほか、漫画の原作として「まんが化石動物記」シリーズ、「まんが世界ふしぎ物語」シリーズなどがある。

中山けーしょー

1962年東京都生まれ。本の挿絵やゲームのイラストレーションを手がける。主な作品に、小前亮の「三国志」シリーズ、「逆転！痛快！日本の合戦」シリーズなどがある。現在は、岐阜県在住。

◇本書は、2002年1月に刊行された「まんがなぞとき恐竜大行進 15 およげるぞ！フタバスズキリュウ」を、最新情報にもとづき改稿し、新しいイラストレーションによってリニューアルしました。

新版なぞとき恐竜大行進

フタバスズキリュウ 日本の海にいた首長竜

2017年 7 月初版
2021年10月第2刷発行

文　たかしよいち
絵　中山けーしょー
発行者　内田克幸
発行所　株式会社理論社
〒101-0062 東京都千代田区神田駿河台 2-5
電話［営業］03-6264-8890［編集］03-6264-8891
URL https://www.rironsha.com

企画 …… 山村光司
編集・制作 … 大石好文
デザイン …… 新川春男（市川事務所）
組版 …… アズワン
印刷・製本 … 中央精版印刷
制作協力 …… 小宮山民人

©2017 Yoichi Takashi, Keisyo Nakayama Printed in Japan
ISBN978-4-652-20201-2 NDC457 A5変型判 21cm 86P

落丁・乱丁本は送料小社負担にてお取り替え致します。
本書の無断複製（コピー、スキャン、デジタル化等）は著作権法の例外を除き禁じられています。私的利用を目的とする場合でも、代行業者等の第三者に依頼してスキャンやデジタル化することは認められておりません。

遠いとおい大昔、およそ1億6千万年にもわたって
たくさんの恐竜たちが生きていた時代——。
かれらはそのころ、なにを食べ、どんなくらしをし、
どのように子を育て、たたかいながら……
長い世紀を生きのびたのでしょう。
恐竜なんでも博士・たかしよいち先生が、
新発見のデータをもとに痛快にえがく

「なぞとき恐竜大行進」シリーズが、
新版になって、ゾクゾク登場!!

新版 なぞとき 恐竜大行進

第Ⅰ期 全5巻

①フクイリュウ　福井で発見された草食竜
②アロサウルス　あばれんぼうの大型肉食獣
③ティラノサウルス　史上最強！恐竜の王者
④マイアサウラ　子育てをした草食竜
⑤マメンチサウルス　中国にいた最大級の草食竜

第Ⅱ期 全5巻

⑥アルゼンチノサウルス　これが超巨大竜だ！
⑦ステゴサウルス　背びれがじまんの剣竜
⑧アパトサウルス　ムチの尾をもつカミナリ竜
⑨メガロサウルス　世界で初めて見つかった肉食獣
⑩パキケファロサウルス　石頭と速い足でたたかえ！

第Ⅲ期 全5巻

⑪アンキロサウルス　よろいをつけた恐竜
⑫パラサウロロフス　なぞのトサカをもつ恐竜
⑬オルニトミムス　ダチョウの足をもつ羽毛恐竜
⑭プテラノドン　空を飛べ！巨大翼竜
⑮フタバスズキリュウ　日本の海にいた首長竜